SHIMI K S

Efeitos de métodos de preparação de sementes em caraterísticas morfológicas do arroz

SHIMI K S

Efeitos de métodos de preparação de sementes em caraterísticas morfológicas do arroz

ScienciaScripts

Cover image: www.ingimage.com

This book is a translation from the original published under ISBN 978-620-8-41564-8.

Publisher:
Sciencia Scripts
is a trademark of
Dodo Books Indian Ocean Ltd. and OmniScriptum S.R.L publishing group

120 High Road, East Finchley, London, N2 9ED, United Kingdom
Str. Armeneasca 28/1, office 1, Chisinau MD-2012, Republic of Moldova, Europe
Managing Directors: Ieva Konstantinova, Victoria Ursu
info@omniscriptum.com

Printed at: see last page
ISBN: 978-620-8-51135-7

EFEITOS DOS MÉTODOS DE PREPARAÇÃO DAS SEMENTES NOS TRAÇOS MORFOLÓGICOS DO ARROZ

RECONHECIMENTO

Em primeiro lugar, os meus maiores cumprimentos ao SENHOR ALTÍSSIMO por me ter concedido a coragem para enfrentar as complexidades da vida e concluir esta tese com sucesso. A minha sincera e profunda gratidão resumiria adequadamente os meus sentimentos em relação à Sra. Shimi K.S, Professora Assistente (com contrato) do Departamento de Botânica, St. Joseph's College (autónomo) Irinjlakuda, cuja orientação, sugestões inestimáveis e críticas incisivas tornaram este trabalho possível. Ela obrigou-me constantemente a manter-me concentrado na consecução dos meus objectivos. Agradeço sinceramente a sua compreensão e paciência. especialmente grato à Dra. Roselin Alex, HOD do Departamento de Botânica do St. Joseph's College (autónomo) Irinjlakuda e a outros membros do corpo docente do Departamento de Botânica pelo seu interesse e cooperação a este respeito. Estou grato à Sra. Pavithra A, bolseira do projeto Vellangallur Grama Panchayath Paristhithi Sowhridha Vikasana Padhathi, da Fundação Salim Ali, por me ter fornecido sementes de arroz para o meu presente trabalho. Gostaria de expressar a minha sincera gratidão à Sra. Smitha, docente do Departamento de Ciência e Tecnologia das Sementes, Thrissur, por me ter ajudado a identificar o nome das variedades de arroz. Estou grato à Dra. . Asha Therese, Diretora da St. Asha Therese, Diretora do St. Joseph's College (Autónomo) Irinjalakuda, por me ter proporcionado várias facilidades e também a todos os membros do corpo docente, ao pessoal não docente do Departamento de Botânica e aos meus queridos amigos. Devo muito aos meus queridos pais e familiares pelo seu amor e confiança permanentes em mim, que me encorajaram a prosseguir os meus estudos e a minha carreira. Gostaria de transmitir os meus agradecimentos ao meu querido marido, que sempre me deu apoio emocional e cuidou de mim nos meus aspectos. Agradeço calorosamente a generosidade e a compreensão da minha família alargada. Gostaria também de agradecer às pessoas que, consciente ou inconscientemente, me ajudaram a concluir com êxito esta tese.

CONTEÚDO

LISTA DE ABREVIATURAS

ppm	: Parts per million
%	: Percentage
mM	: Milli molar
NaCl	: Sodium chloride
KNO_3	Potassium nitrate
$HgCl_2$	: Mercuric chloride
$CaCl_2$	: Calcium chloride
PEG	: Polyethylene glycol
KCl_2	: potassium chloride
KH_2PO_4	: Potassium dihydrogen chloride
GA_3	: gibberellic acid
UV	: Ultra violet
Min	: Minute
h	: Hour
g	: Gram
°C	: Degree Celsius
cm	: Centimetre

RESUMO

Para se chegar a um ótimo estande de plantas, o padrão de existência das plantas é confrontado com várias fases básicas, por exemplo, a germinação desequilibrada das sementes, o desenvolvimento deficiente e precoce das plântulas, o que acaba por provocar um baixo rendimento da colheita. É notável que a preparação das sementes melhore a germinação, diminua o tempo de desenvolvimento das plântulas e melhore infinitamente os caracteres que contribuem para o rendimento das plantas. A preparação de sementes é um procedimento fisiológico de hidratação e secagem de sementes para trabalhar no ciclo metabólico que precede a germinação, a fim de fixar a germinação, o desenvolvimento das plântulas e o rendimento da colheita em condições normais, bem como em várias condições de stress biótico e abiótico.Foi realizado um estudo com a variedade de arroz Shreyas para padronizar um tratamento adequado de preparação de sementes e estudar os seus efeitos nos parâmetros de crescimento em ambiente de stress salino. Para padronizar um tratamento adequado de preparação de sementes para o arroz, as sementes de Shreyas foram preparadas com diferentes concentrações de ácido ascórbico (50 ppm, 100 ppm, 200 ppm), nitrato de potássio (0,5%, 1%, 1,5%), etanol (2%, 4%, 6%) sob stress de NaCl a 50 mM. Os resultados revelaram que a preparação das sementes com 200 ppm de ácido ascórbico apresentou os parâmetros de crescimento mais elevados nestas três variedades de arroz. As sementes de arroz Shreyas preparadas com 2% de etanol apresentaram germinação entre as diferentes concentrações de etanol. O etanol a 4 e 6% apresentou 0% de germinação. Os tratamentos com melhor desempenho após 200 ppm de ácido ascórbico são 0,5% de KNO3, 100 ppm de ácido ascórbico, controlo, 1% de KNO3, 50 ppm de ácido ascórbico, 1,5% de KNO3, 2% de etanol. A preparação com ácido ascórbico a 200 ppm pode, portanto, ser utilizada para melhorar a germinação e o crescimento das plântulas sob stress de NaCl a 50 mM.

INTRODUÇÃO

A preparação das sementes é uma das técnicas para obter um maior rendimento do arroz através da produção de plântulas de qualidade. O priming é um método que pode melhorar o desempenho das sementes em condições de stress como a seca, o stress por salinidade ou sementes recém-colhidas ou envelhecidas que podem não germinar.

A boa germinação das sementes é muito importante para o arroz (Oryza sativa L.). Uma germinação irregular ou deficiente e, subsequentemente, um crescimento irregular das plântulas podem levar a grandes perdas financeiras devido à redução da colheita, embora a preparação das sementes possa aumentar a velocidade e a uniformidade da germinação.

As plantas estão expostas a uma variedade de factores de stress abiótico durante o seu crescimento e desenvolvimento. Os factores de stress abiótico são as principais causas de fracasso das colheitas em todo o mundo, com uma queda média de mais de 50% no rendimento das principais culturas. As temperaturas extremas (quentes, frias e geladas), a irradiação luminosa excessiva ou insuficiente, o alagamento, a seca, a insuficiência de nutrientes minerais no solo e a salinidade excessiva do solo são exemplos de factores de stress abiótico. Vários factores de stress abiótico têm um impacto negativo no desenvolvimento e na produtividade das plantas cultivadas, resultando em perdas de rendimento agrícola. Os efeitos ligeiros relacionados com o stress têm a capacidade de regular vários genes e de acumular proteínas e metabolitos que estão direta ou indiretamente envolvidos na redução dos efeitos negativos do stress através do ajustamento.

As plantas cultivadas enfrentam vários stresses ambientais, como a seca, a salinidade, os raios UV, as temperaturas altas e baixas, etc., em diferentes momentos do seu ciclo de vida. A seca, a salinidade excessiva e os UV-B são algumas das principais limitações abióticas que afectam o rendimento das culturas em todo o mundo e que têm muitos impactos negativos nas funções normais das plantas

Esses estresses causam várias alterações bioquímicas, fisiológicas, metabólicas e moleculares que levam ao estresse oxidativo e influenciam negativamente o crescimento e o metabolismo das plantas (Negrao et al. 2017).

O arroz constitui uma das principais culturas do mundo e é um dos principais alimentos de base da população mundial, desempenhando um papel crucial no abastecimento alimentar nacional da Índia (Jisha e Puthur 2016b). O arroz é uma das culturas alimentares mais importantes que alimentam mais de metade da população mundial.

As principais zonas da Ásia, África e América do Sul utilizam o arroz e os seus produtos derivados como principal fonte de alimentação. Para satisfazer a procura da população crescente, a produção de arroz tem de ser aumentada em, pelo menos, 70% até 2050. A produção de arroz está a enfrentar vários desafios ambientais, como a escassez de água, o declínio radical das terras aráveis e a degradação dos solos, as alterações climáticas dramáticas que conduzem ao aquecimento global (Chanthaburi et al. 2016; Bahuguna et al. 2018; Bergman 2019). O arroz é vulnerável a vários factores de stress abiótico, como a salinidade, a seca e as radiações UV, que conduzem à redução da produção de arroz em todo o mundo (Kang et al. 2017). Os stresses abióticos prejudicaram gravemente a produção de arroz, com forte impacto social e económico. O impacto dos stresses abióticos no arroz resulta numa redução significativa do rendimento a nível mundial (Bergman 2019). A população mundial está a aumentar rapidamente de dia para dia, pelo que é essencial aumentar a produção de culturas alimentares de modo a satisfazer a procura. Para tal, as plantas cultivadas têm de estar equipadas com tolerância ao stress abiótico, o que ajudará a aumentar a produção das culturas. A produção de arroz melhorou enormemente durante o período pós-revolução verde, principalmente devido intervenções tecnológicas avançadas e à implicação de variedades de arroz melhoradas (Bahuguna et al. 2018).

Os tratamentos de preparação das sementes podem levar a uma melhor germinação e estabelecimento em muitas culturas de campo, como o milho, o trigo e o arroz. Por outro lado, a preparação das sementes pode ser definida como o controlo do nível de hidratação dentro das sementes, de modo a que a atividade metabólica necessária para a germinação possa ocorrer, mas a emergência radical seja impedida. Diferentes actividades fisiológicas dentro da semente ocorrem em diferentes níveis de humidade. A última atividade fisiológica no processo de germinação é a emergência radical. O início da emergência radical requer um elevado teor de água na semente. Uma vez semeadas, as sementes gastam quantidades significativas de tempo apenas para absorver água do solo. Reduzindo este tempo ao mínimo, as sementes podem germinar e as plântulas emergir num espaço de tempo mais curto.

Para adquirir tolerância ao stress, foram utilizadas muitas abordagens em diferentes alturas. Os procedimentos tradicionais de reprodução estão entre eles. A seleção, a hibridação e os métodos actuais, como a criação de mutantes, são apenas alguns exemplos. Reprodução para poliploidia, engenharia genética, etc. Limitações convencionais. As técnicas de melhoramento requerem muita mão de obra, energia, etc. Foram desenvolvidas cultivares de plantas com maior tolerância ao stress abiótico, mas devido à sua complexidade ou multigenicidade, a maioria das tentativas falhou. Flores (Cushman e Bohnert 2000). O fabrico de plantas transgénicas para resistência ao stress abiótico já começou. A produção de plantas transgénicas para resistência ao stress abiótico já começou e provou ser eficaz contra uma variedade de stresses. Apesar do facto de o stress. A capacidade de obter tolerância através da engenharia genética é rápida e fácil. A sua restrição foi a introdução direcionada de indivíduos, o que era previsível. abordagens de priming de sementes, como hidropriming, osmopriming, priming químico e priming UV-B, demonstraram melhorar a tolerância ao estresse abiótico em plantas agrícolas (Abid et al. 2018; Dillon et al. 2018; Fang et al. 2018; Irani e Todd 2018; Noorhosseini et al. 2018; Noorhosseini et al. 2018).

Foi relatado que as sementes de culturas preparadas emergiram mais rapidamente e cresceram mais vigorosamente. Também floresceram mais cedo, amadureceram mais cedo e deram maiores rendimentos, o que é muito importante para as zonas mais salinas. O priming tornou-se, portanto, muito popular e é simples e barato, mas extremamente eficaz. Foram registados vários métodos diferentes de fertirrigação utilizados comercialmente. Está bem estabelecido que a embebição das sementes em produtos químicos melhora o desempenho da cultura em relação ao controlo, particularmente em condições adversas. Muitos trabalhadores estudaram o efeito do tratamento de sementes com diferentes produtos químicos e descobriram que o rendimento das culturas pode ser aumentado através de tratamentos pré-sementeira com produtos químicos.

Para além do desenvolvimento de variedades resistentes à seca (reprodução resistente à seca), o tratamento adequado das sementes antes da sementeira pode ser uma alternativa para melhorar a germinação das sementes. A vitamina C, o nitrato de potássio e o priming com etanol são os três métodos de priming utilizados neste estudo. A preparação com vitamina C e nitrato de potássio melhorará o crescimento do arroz sob stress de salinidade. A nível prático, as sementes preparadas emergem do solo mais rapidamente e, muitas vezes, de forma mais uniforme do que as sementes não preparadas, devido a uma exposição ambiental adversa limitada.

O priming permite este importante desenvolvimento ao encurtar a fase de retardamento ou metabólica do processo de germinação. A fase metabólica ocorre logo após as sementes estarem totalmente embebidas e imediatamente antes da emergência radical. Uma vez que as sementes já passaram por esta fase durante o priming, os tempos de germinação no campo podem ser reduzidos em cerca de 50% após a re-hidratação subsequente. Além disso, o priming tem sido utilizado comercialmente para eliminar ou reduzir significativamente o número de fungos e bactérias transmitidos pelas sementes.

OBJECTIVOS E METAS

Utilizando procedimentos óptimos de preparação, o desenvolvimento, o rendimento e a resiliência da variedade de arroz Sreyas serão melhorados, garantindo uma maior produção e sustentabilidade numa série de condições agroclimáticas.

Determinar e aplicar as melhores estratégias de preparação das sementes (tais como a hidropreparação, a osmopreparação e a preparação hormonal) para aumentar as taxas de germinação do arroz Sreyas, o vigor das sementes e o crescimento inicial das plantas.

Para aumentar a resiliência e a adaptabilidade da variedade de arroz Sreyas, cxaminar a forma como a preparação das sementes afecta a cultura sob vários factores de stress abiótico, como a salinidade.

REVISÃO DA LITERATURA

A preparação das sementes é um tratamento de sementes antes da sementeira que permite uma hidratação controlada das sementes para que estas absorvam água e passem pela primeira fase da germinação, mas não permite uma protrusão radical através do revestimento da semente. A maioria dos tratamentos de sementes baseia-se na imbibição de sementes, permitindo que estas passem pela primeira fase reversível da germinação, mas não permitindo a protrusão radical através do revestimento da semente. O riming permite que as sementes germinem e emerjam mesmo em condições agro-climáticas adversas, tais como frio e humidade ou calor extremo. A emergência uniforme ajuda a otimizar a eficiência da colheita, o que pode aumentar o potencial de rendimento

Avaliação no terreno da preparação das sementes para melhorar o crescimento, o rendimento e a qualidade do arroz de sementeira direta (Hafeez Ur Rehman et al., 2010). Este estudo foi realizado para avaliar a avaliação na exploração do arroz de sementeira direta, utilizando diferentes técnicas de preparação, tais como a preparação na exploração, a hidro preparação, o endurecimento e o osmo endurecimento com CaCl2 e KCl. As sementes não tratadas foram consideradas como controlo. Entre todas as técnicas de preparação das sementes, o osmohardening com CaCl2 melhorou o estabelecimento do povoamento, a resposta alométrica, as caraterísticas agronómicas, o rendimento e a qualidade do arroz colhido, em comparação com outras técnicas de preparação e com o controlo sem preparação na cultura de sementeira direta.

A preparação das sementes influencia a competitividade das ervas daninhas e a produtividade do arroz aeróbico por Md. Parvez Anwar et al., (2011). A experiência foi estabelecida com a linha de arroz aeróbio Aeron 1, considerando quatro técnicas de preparação: hidropriming, endurecimento, preparação Zappa e controlo não tratado; e dois regimes de monda: sem ervas daninhas e com ervas daninhas. A preparação das sementes melhorou significativamente os atributos de germinação, a capacidade de supressão de ervas daninhas e o rendimento do arroz, ao passo que o controlo sem preparação apresentou uma germinação inconsistente, um fraco estabelecimento do povoamento e uma menor competitividade das ervas daninhas, o que resultou num fraco rendimento.

Efeito da preparação das sementes no rendimento do grão e nos componentes do rendimento do trigo para pão (Triticum aestivum L.) realizado por Liela Yari et al., (2011) As sementes foram preparadas durante 12 horas e a 20°C em quatro meios de preparação (PEG 10%, KCl2%, KH2PO4 0,5%, água destilada) e controlo. Os resultados da comparação de médias mostraram que a preparação osmótica com PEG10% teve efeitos positivos significativos na percentagem de emergência, palha, grãos e rendimento biológico em comparação com outros tratamentos de preparação de sementes (KCl2%, KH2PO4 0,5% e água destilada).

O stress salino induz a degradação da estrutura dos cloroplastos e causa anomalias nas membranas dos tilacóides, diminuindo assim a taxa fotossintética líquida em Cucumis sativus (Shu et al. 2012).

Os efeitos das técnicas de preparação das sementes para melhorar a germinação e o crescimento inicial das plântulas de Aeluropus Macrostachys foram efectuados por Hamed Askari Nejad (2013). O objetivo deste estudo foi examinar a avaliação do potencial das técnicas de preparação de sementes para melhorar a germinação e o crescimento inicial das plântulas de Aeluropus Macrostachys sob condições de stress salino.

Dinesh Kumar Awasthi (2013), numa análise do efeito da preparação das sementes na germinação, no crescimento e no rendimento do trigo em condições sódicas, utilizou tratamentos com o regulador de crescimento vegetal ácido salicílico (100 ppm), ácido giberélico (100 ppm) e putrescina (100 ppm) com a variedade de trigo NW.1014. A preparação com ácido salicílico (100 ppm), ácido giberélico (100 ppm) e putrescina aumentou o rendimento e os atributos

de rendimento em comparação com o resto do tratamento em condições sódicas. Amanpreet Kaur (2013) conduziu a melhoria dos efeitos do stress por arrefecimento através da preparação das sementes em cultivares de trigo.
Irfan Afzal et al. (2013), numa revisão sobre a preparação com etanol: uma abordagem eficaz para aumentar a germinação e o desenvolvimento de plântulas através da melhoria do sistema antioxidante em sementes de tomate, utilizaram sementes de "Roma" e "Nagina" em soluções de etanol a 2, 4 e 6% durante 24 horas, (2013) utilizaram sementes de 'Roma' e 'Nagina' em soluções de etanol aerado a 2, 4 e 6% durante 24 h. O priming com níveis baixos (2 e 4%) de etanol melhorou a germinação das sementes, o vigor das plântulas e aumentou a atividade antioxidante, o que resulta num melhor desempenho das sementes de tomate e o priming com 6% de etanol não conseguiu melhorar a germinação das sementes e o desenvolvimento das plântulas . Umair et al. (2013) realizaram uma experiência em vaso com feijão-mungo em estufa. As sementes foram revigoradas por imersão tradicional (hidropriming), osmocondicionamento usando fósforo (KH2PO4; 200 mM e 400 mM), manitol (20 e 40 gl-1), polietilenoglicol (50 e 100 gl-1), molibdato de sódio desidratado (0,2 e 0,4 gl-1) e sementes secas não tratadas foram usadas como controlo e relataram que todos os tratamentos aumentaram significativamente o comprimento da raiz e do rebento das plântulas de feijão-mungo em comparação com o controlo (plântulas secas não preparadas).
Sumitahnun Chunthaburee et al., (2014) Alívio do stress salino em plântulas de arroz preto glutinoso através da preparação de sementes com espermidina e ácido giberélico explica que as cultivares, nomeadamente 'Niewdam Gs. no. 00621' (tolerante ao sal) e 'KKU-LLR-039' (sensível ao sal) foram preparadas separadamente com água destilada, 1 mM Spd ou 0,43 mM GA. Com base em todos os dados de crescimento e fisiológicos, o Spd tendeu a ser mais eficaz do que o GA3 na melhoria da tolerância ao sal em ambas as cultivares de arroz. O papel da preparação de sementes para melhorar o crescimento e o rendimento do arroz (Oryza sativa L.) conduzido por Abhishek Kushwaha (2015) foi composto

por preparação com 5 produtos químicos a 1% de concentração viz (KNO_3, KH_2PO_4, Ca $(NO_3)_2$, KCl e $Na_2S_2O_3$) juntamente com controlo não tratado e hidro-preparação. Todos os produtos químicos influenciaram positivamente os caracteres de crescimento e aumentaram significativamente o conteúdo de clorofila, a atividade da catalase e a absorção de N, P e K. Foi obtido um aumento de cerca de (6,6-16,5%) no rendimento com tratamentos de preparação de sementes.

O efeito de priming do ácido abscísico na tolerância ao stress alcalino em plântulas de arroz (Oryza sativa L.) foi conduzido por Li-xing wei et al., (2015) os dados sugerem que o ABA tem um potente efeito de priming na resposta adaptativa ao stress alcalino no arroz e pode ser útil para melhorar o crescimento do arroz em arrozais salino-alcalinos.

Efeito do stress salino no metabolismo da clorofila e no sistema antioxidativo do milho por Jayesh Vaishnav (2016). Akanksha Singh et al., (2016) realizaram um estudo sobre a preparação de sementes de arroz com rutina picomolar que melhora a colonização Rhizospheric Bacillus subtilis CIM e o crescimento das plantas. A alta salinidade induz diferentes respostas de estresse oxidativo e antioxidantes em mudas de milho Órgãos conduzidos por Hamada Abdelgawad et al., (2016). Heba M Hassan et al., (2016) realizaram um estudo sobre Efeito de uva+b nas consequências da germinação, stress oxidativo e mecanismos de defesa antioxidante do trigo Triticum aestivum L.Anisa Ruttanaruangboworn et al, (2017) conduziu Efeito da preparação de sementes com diferentes concentrações de nitrato de potássio no padrão de imbibição de sementes e germinação de arroz (Oryza sativa L.) os padrões de imbibição de sementes de seis concentrações de KNO_3 (0, 0,25, 0,50, 1,00,1,50 e 2,00%) em duas cultivares de arroz - KDML105 e RD15. Os resultados mostraram que a imersão de sementes de arroz em KNO_3 em concentrações mais altas pode atrasar o tempo de imbibição.

DeboJyothi Moulick et al., (2017) realizaram a avaliação da eficácia da tecnologia de preparação de sementes com selénio (Se) no arroz sob condições de stress de arsénio (As), melhorando a germinação das sementes e o crescimento das plântulas, reduzindo a absorção de As, suprimindo os danos oxidativos através do aumento da acumulação de antioxidantes nas plântulas de arroz.

Avaliação do papel do priming de sementes na melhoria da tolerância à seca de arroz pigmentado e não pigmentado por M. Hussain et al., (2017). Sementes de arroz pigmentado (cv. Heug Jinju Byeo) e não pigmentado (cv. Anjoong) foram embebidas em água (hidropriming) ou solução de CaCl2 (osmopriming). O stress da seca causou um estabelecimento irregular e deficiente do povoamento e diminuiu o crescimento de ambos os tipos de arroz. A preparação das sementes foi bastante útil para melhorar o desempenho de ambos os tipos de arroz em condições de seca e de boa rega.Basu S et al., (2017) Análises fisiológicas abrangentes e perfil de espécies reactivas de oxigénio em genótipos de arroz tolerantes à seca sob stress de salinidade. Regulação do stress oxidativo e do estado dos nutrientes minerais pelo selénio em plantas cultivadas tratadas com arsénio Oryza sativa Conduzido por R. Singh et al, (2017) O estudo de microscopia eletrónica de varrimento (MEV) associado à espetroscopia de raios X por dispersão de energia (EDS) revelou as deformações morfológicas nas nervuras das folhas, juntamente com a deposição granular na superfície da folha. A redução significativa dependente do selénio na acumulação de As também foi observada na raiz (14,24%) e no rebento (23,78%) da planta de arroz quando comparada com a planta tratada apenas com As. Metabolismo das poliaminas das sementes induzido pela preparação das sementes com espermidina e ácido 5-aminolevulínico para melhorar a tolerância ao frio em plântulas de arroz (Oryza sativa L.) (Mohamed Sheteiwy et al., 2017) Os resultados mostraram que o estresse por resfriamento melhorou significativamente a superóxido dismutase (SOD), a peroxidase (POD), a ascorbato peroxidase (APX) e a glutationa peroxidase (GPX), e um aumento adicional foi observado pelas sementes preparadas com Spd e ALA.Mayanker Singh (2017) realizou o estudo do efeito da preparação de sementes na germinação anaeróbica do arroz (Oryza sativa L.).

Todos os tratamentos de preparação com GA3 , JLE, KNO3, KCl, NaCl, IAA, CaCl2, água destilada numa concentração específica em Sambha Mahsuri e Sambha Mahsuri Sub1 aumentaram a percentagem de germinação, o tempo médio de germinação e os parâmetros bioquímicos como o teor de açúcar total, açúcar redutor e não redutor, teor de proteínas e aumentam os dias até 50% de floração, dias para a maturidade fisiológica e parâmetros de rendimento como altura da planta, biomassa planta-1, comprimento da panícula planta-1, peso da panícula planta-1, peso de teste, rendimento planta-1, índice de colheita (%) no entanto, o efeito de GA3 a 50 ppm foi encontrado mais pronunciado seguido por GA3 a 25 ppm em vários parâmetros em ambas as variedades, mas Sambha Mahsuri Sub1 mostrou mais resposta de preparação de sementes em comparação com o de Sambha Mahsuri.A. A. Mamun et al, (2018) conduziu Efeito da preparação de sementes na germinação de sementes e no crescimento de plântulas de variedades modernas de arroz (oryza sativa l.). Quatro variedades de arroz: Nerica, BRRI dhan51, BRRI dhan41 e BRRI dhan49; e seis tratamentos de priming. Entre os tratamentos de priming, o priming com Vitamina C e o Osmo-hardening foram considerados superiores. Efeito de diferentes métodos de preparação no comportamento de germinação do arroz em ambiente de seca (Bipin Aryal et al., 2018). A experiência foi realizada num desenho aleatório completo com 10 tratamentos, cada um replicado três vezes. Os resultados concluíram que o priming com PEG e GA3 em maior concentração seria benéfico para melhorar o comportamento germinativo das sementes de arroz em condições comparativamente mais secas.Efeito do priming de sementes com etanol, metanol, boro e manganês em algumas das caraterísticas morfofisiológicas da colza (Brassica napus L.) sob estresse de déficit hídrico foi conduzido por Ebrahim Khalilvand Behrouzyar (2018). A osmopriming de sementes invoca a memória do estresse contra o estresse pós-germinativo da seca no trigo (Triticum aestivum L.) Muhammad Abid et al., (2018) para investigar se a osmopriming de sementes poderia desenvolver tolerância à cultivar sensível à seca (yangmai 16) seguindo um protocolo pré-padronizado de -0,9 MPa PEG a 18 ° C por 30 h, e depois seco à temperatura ambiente. Concluiu-se que o osmopriming de sementes resultou numa memória de stress duradoura, que estabilizou o crescimento e a produtividade das plantas, alterando as respostas fisiológicas e bioquímicas ao stress pós-germinativo da seca no trigo.Rice seed priming with sodium selenate: Efeitos na germinação, crescimento de plântulas e atributos bioquímicos (Bin Du et al., 2019) O objetivo deste estudo foi determinar os efeitos do selenato de sódio (15, 30, 45, 60, 75, 90 e 105mgkg-1) na germinação e crescimento de plântulas de arroz Changnongjing 1 (Oryza sativa L.) a 25°C e 30°C. As baixas concentrações de selenato induziram períodos de germinação mais curtos e mais uniformes do que a água ultrapura em ambas as temperaturas.Mecanismos de preparação de sementes envolvidos na melhoria do estresse salino por Magdi T. Abdelhamid et al., (2019) O objetivo deste trabalho é revisar a literatura recente sobre a resposta da planta à preparação de sementes sob estresse de salinidade. Foi proposto um diagrama esquemático que descreve a reação em cadeia após a preparação da semente. Chinka Batra et al., (2019) realizaram um estudo sobre Priming melhora a germinação e o desempenho do crescimento de plântulas de sementes de tomate com idade acelerada para estudar o efeito de vários tratamentos de priming de sementes (Hidratação, KNO3 e GA3) na percentagem de germinação e índices de crescimento de duas cultivares de tomate Varkha Bahar-1 e Varkha Bahar-2. A preparação das sementes com GA3 mostrou um efeito mais promontório, seguido do KNO3 e da hidratação a uma concentração mais elevada. Effect of Seed Priming on Growth, Metabolism and Grain Quality of Rice with respect to Sowing Time (Mahesh Kumar 2018) concluiu que os produtores de arroz podem usar 5 mMMg (NO3)2 e 5ppm kinetin para tratamento de preparação de sementes antes da sementeira da cultura do arroz, independentemente das datas de sementeira durante a sua época de cultivo, para obter um melhor rendimento.Efeito de diferentes tratamentos de preparação de sementes no crescimento e na absorção de nutrientes no trigo (Triticum aestivum) sob stress salino por Abida Kausar et al, (2019) em duas variedades de trigo (Punjab 2011 e FSD-08) foram preparadas com água destilada, resfriamento (5°C), aquecimento (60°C) e cloreto de sódio (150 mM), em seguida, sementes preparadas e não preparadas foram cultivadas a 150 mM NaCl por 42 dias sob solução nutritiva de Hoagland (½ força) em vasos contendo areia com desenho completamente randomizado (CRD). O teor de sódio e o total de aminoácidos livres aumentaram com o stress salino em ambas as variedades de trigo. A Punjab 2011 apresentou um melhor comportamento em comparação com a FSD-08, tanto em meio salino como não salino. Efeito do priming de sementes na germinação, emergência e crescimento de plântulas de arroz de primavera (Oryza sativa L.) cv. Hardinath-1 por Nasib Koirala et al., (2019) com desenho completamente aleatório com 6 tratamentos - sem priming, água ou hidro-priming, 2% de priming de ureia, 2% de priming de DAP, 2% de priming de MOP e 2% de priming de ZnSO4. Este estudo sugere que a preparação com 2% de MOP é uma técnica fácil e eficaz para melhorar a germinação, a emergência e os parâmetros das plântulas de arroz de primavera, variedade Hardinath-1. O aumento da tolerância ao stress abiótico de Oryza sativa L. através da preparação de sementes e plântulas com radiação UV-B foi conduzido por Dhanya Thomas T. T. (2020) A preparação de sementes e plântulas com uma dose baixa de exposição a UV-B pode aumentar as respostas das plantas ao stress subsequente. Este fenómeno é muito predominante quando as plântulas de arroz preparadas com UV-B foram expostas ao stress de NaCl, demonstrando que a preparação com UV-B pode induzir tolerância cruzada. (2020) explicaram que foi observado um aumento significativo na emergência final (%), no tempo médio de emergência e nos atributos fisiológicos com 0,75% de KNO3. O aumento da germinação e do crescimento inicial das plântulas de arroz indica da Malásia (Oryza sativa L.) utilizando o priming hormonal com ácido giberélico (GA3) foi conduzido por Rasiyid Sukifto et al,

(2020) concluíram que a preparação das sementes MR219 com GA3 a 60 mg/L durante 12 horas melhorou significativamente o desempenho da germinação e o crescimento inicial das plântulas na cultura em vaso de arroz de sementeira direta, uma vez que promoveu o crescimento vigoroso das plântulas da cultivar de arroz MR219. Foram efectuados cinco tratamentos de preparação de sementes: sementes não preparadas, hidropreparação e osmopreparação com PEG-6000 a -0,3, -1,0 e -2,2 MPa da cultivar de arroz da Malásia 'MR297'. O desempenho germinativo das sementes com hidro e osmo-priming a -0,3 e -1,0 MPa sob stress severo (-0,8 MPa) foi melhor em comparação com o controlo e as sementes com osmo-priming a -2,2 MPa. Response of Primed Rice (Oryza sativa L.) Seeds towards Reproductive Stage Drought Stress by Mohd Syahmi Salleh et al., (2021) explica que a preparação das sementes das duas variedades de arroz, IR64 e MR297 osmoprimed com polietilenoglicol, foi melhor do que as sementes não preparadas e as sementes hidroprimidas com polietilenoglicol. Seed Priming with Potassium Nitrate and Gibberellic Acid Enhances the Performance of Dry Diret Seed Rice (Oryza sativa L.) in North-Western India conduzido por Buta Singh Dhillon et al., (2021). A preparação de sementes com sais de Mg (NO3) 2 e ZnSO4 desencadeia os atributos de germinação e crescimento sinergicamente em variedades de trigo por Surendra Kumar Choudhary et al., (2021). diferentes tratamentos de preparação em duas variedades de trigo: HUW-234 (V1) e BHU-3(V2). No presente estudo, as sementes foram preparadas com água, Mg (NO3)2, ZnSO4 e uma combinação de ambos os sais. O resultado sugere que a preparação das sementes com Mg (NO3)2 e ZnSO4 funcionou sinergicamente a nível varietal e melhorou os atributos de crescimento em condições de campo. Seed Priming and Foliar Application with Nitrogen and Zinc Improve Seedling Growth, Yield, and Zinc Accumulation in Rice foi conduzido por Patcharin Tuiwong (2022). Avaliando o efeito da preparação de sementes para melhorar a tolerância ao arsénico no arroz por Alok Kumar et al., (2022).

MATERIAIS E MÉTODOS

O presente inquérito foi efectuado principalmente para selecionar o primário tratamentos, padronização das durações de imersão e concentrações de tratamento para mitigar o stress da salinidade.

Apresenta-se de seguida uma breve descrição dos materiais utilizados e das metodologias seguidas nas diferentes experiências do presente estudo:

MATERIAIS:

ARROZ:

O arroz (Oryza sativa L.) pertence à família Poaceae. As sementes das variedades de arroz Uma, Shreyas e kodukanni foram colhidas em Vellangallur Grama Panchayath Paristhithi Sowhridha Vikasana Padhathi, pela fundação Salim Ali e identificadas as variedades de arroz.

Foram utilizadas três variedades de sementes de arroz para a preparação sob stress de NaCl a 50 Mm. Foram utilizados três métodos de preparação para melhorar a germinação de sementes de arroz em condições de stress salino.

QUÍMICOS:

Os produtos químicos NaCl, ácido ascórbico (vitamina C), nitrato de potássio e etanol foram adquiridos à MERCK.

MÉTODOS

TÉCNICAS DE PREPARAÇÃO DAS SEMENTES:

Foram selecionadas sementes de arroz gordas, saudáveis e uniformes para os tratamentos de preparação de sementes e todas as sementes foram esterilizadas à superfície com HgCl2 a 0,1% para remover a sujidade . Em seguida, as sementes lavadas foram imersas durante 18 horas em três concentrações diferentes de vitamina C, nitrato de potássio, etanol (agentes de preparação) e água destilada (controlo), cujos volumes eram três vezes superiores ao peso das sementes. Durante o tratamento de preparação das sementes copo aberto, foi selecionado como período de preparação das sementes o período ao longo do qual se verificou um aumento máximo do crescimento das plântulas (em termos de comprimento dos rebentos, peso fresco e seco das plântulas). Após o tratamento de preparação, as sementes foram lavadas três vezes com água destilada durante 2 minutos e secas à superfície em papel absorvente. Em seguida, foram colocadas sobre um pedaço de papel de filtro limpo, permitindo a desidratação à sombra a 25±3 graus Celsius para recuperar a humidade original das sementes antes do tratamento de priming. Os pesos das sementes foram testados repetidamente em intervalos de tempo fixos, de modo a garantir que as sementes atingissem o peso seco original. As sementes não tratadas foram utilizadas como controlo.

As sementes preparadas e não preparadas foram germinadas em petrídios esterilizados contendo algodão absorvente embebido em água destilada (para controlo), solução de NaCl 50mM. Cada Petridis continha 50 sementes. Os atributos de crescimento das plântulas preparadas, não preparadas e de controlo foram registados a partir do 3º dia de germinação e do $^{15^{o}}$ dia para as variedades de arroz. Estes dias foram determinados com base no melhor desempenho plântulas (em termos de comprimento do rebento e comprimento da raiz).

PREPARAÇÃO DE PRODUTOS QUÍMICOS DE ESCORVAMENTO

a. Vitamina C (ácido ascórbico): 0,05g (50 ppm), 0,1g (100 ppm), 0,15g (150 ppm) de vitamina C foram adicionados a 1000 ml de água desionizada.

b. Nitrato de potássio: 5,0 g (0,5%), 10,0 g (1%), 15,0 g (1,5%) de KNO3 foram adicionados a 1000 ml de água desionizada.

c. Etanol: 20 ml, 40 ml e 60 ml de etanol foram adicionados a 1000 ml de água desionizada.

PARÂMETROS DE CRESCIMENTO

O teste de germinação é efectuado para determinar a viabilidade das sementes. O registo diário das sementes germinadas foi efectuado até ao ^{sétimo} dia após o início do teste.
Percentagem de germinação= Número de sementes germinadas ×
Número total de sementes para o ensaio

COMPRIMENTO DOS REBENTOS E DAS RAÍZES DAS PLÂNTULAS

O comprimento do rebento das plântulas produzidas a partir de sementes com e sem fermento foi medido utilizando uma escala graduada e foi expresso em centímetros. Foram selecionadas aleatoriamente 10 plântulas normais de cada Petridis para registar os dados sobre o comprimento dos rebentos e das raízes. Os dados foram registados desde o 3º dia de germinação até ao ^{15º} dia.

PESO FRESCO E SECO DAS PLÂNTULAS

Para as medições do peso fresco e seco, as plântulas foram secas e embrulhadas separadamente em folhas de alumínio etiquetadas e previamente pesadas. O peso fresco das amostras foi determinado pesando-as imediatamente após o embrulho. Para as medições do peso seco, as amostras foram mantidas numa estufa de ar quente a 100°C durante uma hora e depois a 60°C durante uma noite. Após 48 horas, as amostras foram transferidas para um exsicador, deixadas arrefecer e depois pesadas. As amostras foram novamente pesadas, como descrito acima, a intervalos regulares (24 h), até os pesos se tornarem constantes (ISTA, 1985). A percentagem de peso seco foi calculada utilizando a seguinte fórmula.

Percentagem de peso seco= seco peso × 100

Peso fresco

ÍNDICE DE VIGOR (VI)

O índice de vigor das plântulas foi calculado adoptando o método sugerido por Abdul-Baki e Anderson (1973) e expresso em números-índice.

Índice de vigor= [Comprimento da raiz (cm)+ Comprimento do rebento (cm)] × Germinação (%)

ÍNDICE DE RESISTÊNCIA DAS SEMENTES (SSI)

O índice de resistência das sementes foi calculado por Abdul-Baki e Anderson (1970) da seguinte forma:

Índice de resistência das sementes= Were,

G × (SL + RL) 100

G= Percentagem de germinação SL = Comprimento do rebento

RL= Comprimento da raiz

RESULTADOS

Neste estudo, as sementes de três variedades diferentes de arroz Shreyas foram preparadas com diferentes concentrações de vitamina C (50, 100, 150 ppm), nitrato de potássio (0,5%, 1%, 1,5%), etanol (2%, 4%, 6%) e foram germinadas em NaCl 50mM. O objetivo é identificar qual a concentração de produtos químicos que aumenta a germinação de diferentes variedades de arroz sob stress de NaCl. A concentração de produtos químicos que aumentam o crescimento foi determinada através da análise de caracteres morfológicos como o comprimento do rebento e o comprimento da raiz. Também foi criado um grupo de controlo, no qual as sementes foram tratadas com água desionizada.

PERCENTAGEM DE GERMINAÇÃO

Verificou-se um efeito significativo dos tratamentos e da sua interação nos parâmetros de germinação das sementes. Verificou-se que a preparação das sementes com vitamina C a 200 ppm resultou numa maior percentagem de germinação sob stress de NaCl. As sementes preparadas com etanol apresentam a germinação mais baixa. Foram adoptadas três concentrações de etanol (2%, 4%, 6%) e as sementes preparadas com 2% de etanol só apresentam germinação na variedade de arroz Shreyas (38%). Nas outras variedades de arroz, o etanol apresenta 0% de germinação em todas as concentrações. A germinação mais elevada foi observada na variedade de arroz Uma (86%) preparada com vitamina C a 200 ppm. As sementes preparadas com baixa concentração de nitrato de potássio apresentam melhor germinação do que as sementes preparadas com concentrações mais elevadas. A percentagem de germinação por vitamina C foi seguida por 0,5% KNO3, vitamina C 100 ppm, controlo, 1% KNO3, vitamina C 50 ppm, 1,5% KNO3, que foram iguais entre si nas variedades acima referidas, respetivamente. Todas as percentagens de germinação de plântulas devido ao efeito de três tratamentos de preparação e controlo sob stress de NaCl foram apresentadas na Tabela.

Quadro 1: Percentagem de germinação da variedade de arroz Shreyas

	Controlo	Vitamina c			Nitrato de potássio			Etanol		
Day		50 ppm	100 ppm	200 ppm	0.50%	1%	1.50 %	2%	4%	6%
1	5 (10%)	4 (8%)	9 (18%)	10 (20%)	8 (16%)	6 (12%)	5 (10%)	1 (2%)	0	0
2	8 (16%)	7 (14%)	13 (26%)	13 (26%)	14 (28%)	9 (18%)	6 (12%)	3 (6%)	0	0
3	13 (26%)	9 (18%)	16 (32%)	17 (34%)	18 (36%)	13 (26%)	9 (18%)	7 (14%)	0	0
4	20 (40%)	13 (26%)	22 (44%)	24 (48%)	22 (44%)	17 (34%)	13 (26%)	12 (24%)	0	0
5	25 (50%)	18 (36%)	28 (56%)	30 (60%)	29 (58%)	23 (46%)	17 (34%)	15 (30%)	0	0
6	29 (58%)	21 (42%)	30 (60%)	34 (68%)	34 (68%)	27 (54%)	21 (42%)	16 (32%)	0	0
7	34 (68%)	27 (54%)	34 (68%)	39 (78%)	38 (76%)	33 (66%)	24 (48%)	19 (38%)	0	0

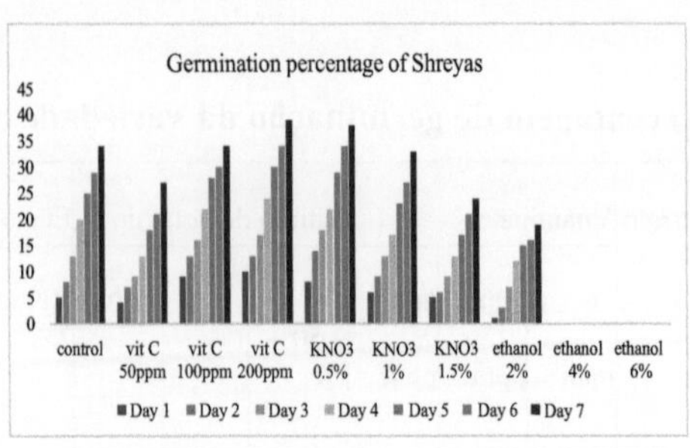

Figura 1: Percentagem de germinação da variedade de arroz Shreyas

COMPRIMENTO DA RAIZ E DO REBENTO

A imposição de stress salino causou uma redução significativa no crescimento das plântulas das cultivares de arroz. Foi observado um aumento significativo no comprimento da raiz e do rebento em três variedades de arroz quando preparadas com diferentes agentes de preparação. O maior comprimento de raiz e de rebento foi encontrado em sementes de arroz preparadas com vitamina C a 200 ppm. A variedade de arroz Uma apresenta o maior comprimento de raiz e de rebento (13,4, 10,2 cm), para além da Shreyas e da kodukanni, quando tratada com vitamina C a 200 ppm. Em todas as variedades de arroz, a aplicação de vitamina C a 200 ppm mostra a maior taxa de crescimento. A taxa de crescimento mais baixa foi encontrada em sementes preparadas com etanol. As sementes preparadas com 2% de etanol mostram o aparecimento de raízes e rebentos apenas na variedade de arroz Shreyas, que tem 1,8, 0,9 cm de comprimento, e as outras variedades de arroz não têm efeito neste tratamento. 4% e 6% de etanol não mostram o aparecimento de raízes e rebentos. A seguir à vitamina C 200 ppm, 0,5% de KNO3 mostra maior comprimento de raiz e rebento em todas as variedades de arroz. A seguir a estes tratamentos, 100 ppm de vitamina C, controlo, 1% de KNO3, 50 ppm de vitamina C, 1,5% de KNO3,

2% de etanol mostram o aparecimento de raízes e rebentos, respetivamente.

Tabela 2: Comprimento da raiz e do rebento (cm) da variedade de arroz Shreyas

			Dia 3	Dia 5	Dia 7	Dia 10	Dia 15
Controlo		Raiz	2.1	3.4	4.3	6.6	10.5
		Atirar	0.6	1.4	2.6	5.1	6.8
Vitamina C	50 ppm	Raiz	0.8	1.4	2.7	5.4	9.5
		Atirar	0.3	0.9	1.8	4.3	6.3
	100 ppm	Raiz	2.3	3.6	4.9	6.8	10.9
		Atirar	0.8	1.8	2.9	5.2	7.5
	200 ppm	Raiz	2.4	3.9	5.1	7.3	11.3
		Atirar	0.9	2	3.8	5.6	7.9
Nitrato de potássio	0.50%	Raiz	1.5	3.1	4.9	7.1	11.2
		Atirar	0.7	2	3.8	5.5	7.6
	1%	Raiz	1.4	2.8	3.9	5.9	9.6
		Atirar	0.5	1.7	2.5	4.9	6.7
	1.50%	Raiz	0.9	1.3	2.6	4	7.8
		Disparar	0.2	0.7	1.8	3.6	6.3
Etanol	2%	Raiz	0	0	0.5	1.1	1.8
		Disparar	0	0	0.2	0.5	0.9
	4%	Raiz	0	0	0	0	0
		Atirar	0	0	0	0	0
	6%	Raiz	0	0	0	0	0
		Disparar	0	0	0	0	0

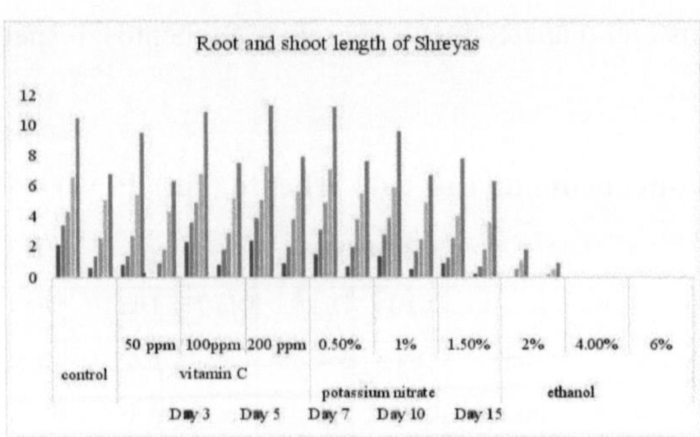

Figura 2: Comprimento da raiz e do rebento da variedade de arroz SHREYAS

PESO FRESCO E SECO DAS PLÂNTULAS

Os dados relativos à mudança progressiva na acumulação de matéria seca da planta, influenciada pelos diferentes tratamentos, são apresentados no quadro. Uma leitura dos dados revela que os tratamentos de preparação de sementes influenciaram significativamente a produção de matéria seca da planta em todas as fases de observação. A matéria seca mais elevada foi registada no caso da vitamina C com 200ppm. A variedade de arroz Uma apresenta a maior produção de matéria seca quando tratada com vitamina C a 200 ppm (77,27%). A resposta da preparação com etanol foi mínima no aumento da matéria seca em todas as fases de crescimento. A seguir à vitamina C 200 ppm, 100 ppm de vitamina C, controlo, 1% de KNO3, 50 ppm de vitamina C, 1,5% de KNO3, 2% de etanol mostram a produção de matéria seca, respetivamente.

Quadro 3: Peso fresco (g), peso seco (g) e percentagem de peso seco do arroz Shreyas

Variedade de arroz	Tratamento		FW	DW	DW%
SHREYAS	Controlo		0.36	0.18	50%
	Vitamina C	50 ppm	0.25	0.11	44%
		100 ppm	0.45	0.28	62.22%
		200 ppm	0.53	0.38	71.69%
	Nitrato de potássio	0.50%	0.48	0.31	64.58%
		1%	0.29	0.13	44.82%
		1.50%	0.17	0.05	29.41%
	Etanol	2%	0.09	0.01	11.11%
		4%	0	0	0.00%
		6%	0	0	0.00%

ÍNDICE DE VIGOR E ÍNDICE DE RESISTÊNCIA DAS SEMENTES

Os parâmetros das plântulas, índice de vigor e índice de resistência das sementes, mostram um aumento nas sementes preparadas com vitamina C a 200 ppm. A variedade de arroz Uma apresenta o índice de vigor mais elevado e o índice de resistência das sementes 2029,6, 20,296, respetivamente, quando é tratada com vitamina C a 200 ppm. 0,5% de nitrato de potássio mostra o maior índice de vigor do que outras concentrações de nitrato de potássio. O índice mais baixo de vigor e resistência das sementes foi observado em sementes preparadas com etanol a 2% na variedade de arroz Shreyas (102,6,1,026) e outras concentrações de etanol não mostram qualquer valor nestes dois parâmetros.

Quadro 4: Índice de vigor do arroz Shreyas

TRATAMENTO		SHREYAS
Controlo		1176.4
Vitamina C	50 ppm	853.2
	100 ppm	1251.2
	200 ppm	1497.6
Potássio nitrato	0.50%	1428.8
	1%	1076
	1.50%	676.8
Etanol	2%	102.6
	4%	0
	6%	0

Quadro 5: Índice de resistência das sementes de arroz Shreyas

TRATAMENTO		SHREYAS
Controlo		11.764
Vitamina C	50 ppm	85.32
	100 ppm	12.512
	200 ppm	14.976
Potássio nitrato	0.50%	14.288
	1%	10.76
	1.50%	67.68
Etanol	2%	1.026
	4%	0
	6%	0

DISCUSSÃO

Neste capítulo, tentou-se discutir os resultados obtidos a experiência à luz dos recentes avanços no domínio do priming. O priming de sementes é conhecido como um tratamento de sementes que melhora o desempenho das sementes em condições ambientais normais. De acordo com Mamun A A et al (2018) Quatro variedades de arroz: 1) Nerica, 2) BRRI dhan51, 3) BRRI dhan41 e 4) BRRI dhan49; e seis tratamentos de priming: 1) Priming na exploração, 2) Endurecimento, 3) Hydro-priming, 4) Osmo-hardening, 5) Vitamin C Priming e 6) Controlo foram utilizados na sua experiência. Entre os tratamentos de preparação, a preparação com Vitamina C e o endurecimento com Osmo foram considerados superiores. Shah T referiu que a preparação com ácido ascórbico aumentou significativamente as diferentes caraterísticas de rendimento, incluindo o teor de clorofila, os perfilhos por unidade de área, o número de grãos por espiga e o peso de 1000 grãos, contribuindo para uma maior produtividade e biomassa. As melhores concentrações de ácido ascórbico priming (10, 20, 30, 40, 50 e 60 AsA mg L-1) foram optimizadas separadamente.De acordo com a Agronomia 2019, 9, 757 3 de 21 com os resultados, a melhor concentração de ácido ascórbico priming foi com 50 mg L-1.

De acordo com Ruttanaruangboworn et al (2017), uma imersão de sementes de seis concentrações de KNO3 (0,0,25, 0,50, 1,00, 1,50 e 2,00%) em duas cultivares de arroz - KDML105 e RD15. Os resultados mostraram que a imersão de sementes de arroz em KNO3 em concentrações mais altas pode atrasar o tempo de imbibição. As concentrações mais elevadas de KNO3 atrasaram o tempo de imbibição das sementes de arroz e demoraram mais tempo. Nos estudos de Afzal I et al (2013), concluiu-se que a preparação com níveis baixos (2 e 4%) de etanol melhorou a germinação das sementes, o vigor das plântulas e aumentou a atividade antioxidante, o que resultou num melhor desempenho das sementes de tomate. No entanto, o priming com 6% de etanol não conseguiu melhorar a germinação das sementes e o desenvolvimento das plântulas, o que está relacionado com a diminuição da atividade anti-oxidativa nas sementes de tomate devido ao elevado nível de etanol. De tudo isto, assumimos que a preparação das sementes com vitamina C a 200 ppm resultou numa maior percentagem de germinação sob stress de NaCl. As sementes preparadas com etanol apresentam a germinação mais baixa. Foram adoptadas três concentrações de etanol (2%, 4%, 6%) e as sementes preparadas com 2% de etanol apresentam germinação apenas na variedade de arroz Shreyas (38%). Nas outras variedades de arroz, o etanol apresenta 0% de germinação em todas as concentrações. A germinação mais elevada foi observada na variedade de arroz Uma (86%) preparada com vitamina C a 200 ppm. Burgeieres relatou que o ácido ascórbico estimulou a percentagem de germinação, a percentagem de coleóptilos, o comprimento radical e o índice de vigor de sementes de tomate e ervilha em meio de água destilada. Ramesh e Singh, que efectuaram a preparação das sementes de arroz com K2SO4 e ácido ascórbico em quatro genótipos de arroz (Pusa Basmati-1, Basmati-385, Saket-4 e IR-36), concluíram que a preparação das sementes com ácido ascórbico era eficaz para aumentar o comprimento das raízes e dos rebentos. Nos estudos de Ali M M, o comprimento das plântulas de ambas as cultivares de tomate revelou que o comprimento máximo das plântulas em ambas as cultivares foi alcançado com sementes de tomate preparadas com 0,75%, seguidas de 1,25% de KNO3, enquanto as mais baixas foram registadas no controlo. De acordo com Farooq M Fine, as sementes de arroz tratadas com 1, 5, 10, 15% de etanol e a inibição completa da germinação e do crescimento de plântulas em sementes sujeitas a concentrações mais elevadas de etanol, tais como os tratamentos com 10 e 15% de etanol, devem-se provavelmente à sua toxicidade. No entanto, os nossos estudos mostraram que o maior comprimento de raiz e de rebento foi encontrado em sementes de arroz preparadas com vitamina C a 200 ppm. A preparação com vitamina C a 200 ppm mostra a maior taxa de crescimento. A taxa de crescimento mais baixa foi encontrada em sementes preparadas com etanol. As sementes preparadas com 2% de etanol mostram o aparecimento de raízes e rebentos apenas na variedade de arroz Shreyas, que tem 1,8 e 0,9 cm de comprimento. 4% e 6% de etanol não mostram o aparecimento de raízes e rebentos. A seguir à vitamina C 200 ppm, 0,5% de KNO3 mostra um maior comprimento da raiz e do rebento. Após estes tratamentos, 100 ppm de vitamina C, controlo, 1% de KNO3, 50 ppm de vitamina C, 1,5% de KNO3, 2% de etanol mostram o aparecimento de raízes e rebentos, respetivamente. De acordo com Ahmad I, o peso seco máximo dos rebentos foi produzido por sementes de milho preparadas com (40mg L-1) de ácido ascórbico. O controlo deu um peso seco mínimo de rebentos. Ali M M relatou que as plantas criadas a partir de sementes de tratadas com 0,75% de KNO3 apresentaram valores mais elevados para o peso fresco das plântulas em comparação com outros tratamentos (1,0 e 1,25% de KNO3). Farooq M relatou que o tratamento com etanol a 1% resultou numa pontuação mais elevada das folhas, tendo sido registado um peso fresco máximo das plântulas nas sementes não tratadas. No entanto, nenhum dos tratamentos de sementes com etanol conseguiu melhorar o peso seco das plântulas. Os resultados do presente estudo mostraram claramente que a matéria seca mais elevada foi registada no caso da vitamina C com 200ppm. A resposta do priming com etanol mínima no aumento da matéria seca em todas as fases de crescimento. Mamun A A concluiu que o índice de vigor e o índice de resistência da semente mais elevados foram na variedade Nerica com a aplicação de vitamina C. De acordo com Ali M M, a análise estatística dos dados sobre o vigor das plântulas revelou que o efeito dos tratamentos de preparação das sementes era significativo tanto em "Sundar" como em "Ahmar". Farooq M relatou que uma concentração mais baixa de etanol tem um efeito mais pronunciado para melhorar a germinação e o crescimento inicial das plântulas, o índice de vigor. No entanto, o nosso estudo mostrou que o índice de vigor e o índice de resistência das sementes mostram um aumento nas sementes preparadas com vitamina C a 200 ppm. 0,5% de nitrato de potássio mostra o índice de vigor mais elevado do que outras concentrações de nitrato de potássio. O índice mais baixo de vigor e resistência das sementes foi observado em sementes preparadas com etanol a 2% na variedade de arroz Shreyas (102,6,1,026) e outras concentrações de etanol não mostram qualquer valor nestes dois parâmetros. A preparação das sementes aumenta a capacidade competitiva das plântulas. Nas espécies de arroz cultivadas, um determinado tratamento de priming também tem efeitos contrastantes em várias cultivares. Assim, são necessários mais progressos não só para identificar o conjunto de genes que regulam a resposta e a eficiência do priming.

VARIEDADE DE ARROZ

Shreyas

Placa 1: Tratamentos de escorva - controlo

Placa 2: tratamentos de arranque da variedade de arroz Shreyas

Placa 3: Germinação de sementes de arroz Shreyas preparadas ao 3.ºdia

Ethanol 2% Ethanol 4% Ethanol 6%

Placa 4: Germinação de sementes de arroz Shreyas preparadas ao 5º dia

Placa 5: Germinação de sementes de arroz Shreyas preparadas ao 7.º dia

Ethanol 2% Ethanol 4% Ethanol 6%

Placa 6: Germinação de sementes de arroz Shreyas preparadas ao 10° dia

Placa 7: Germinação de sementes de arroz Shreyas preparadas ao 15º dia

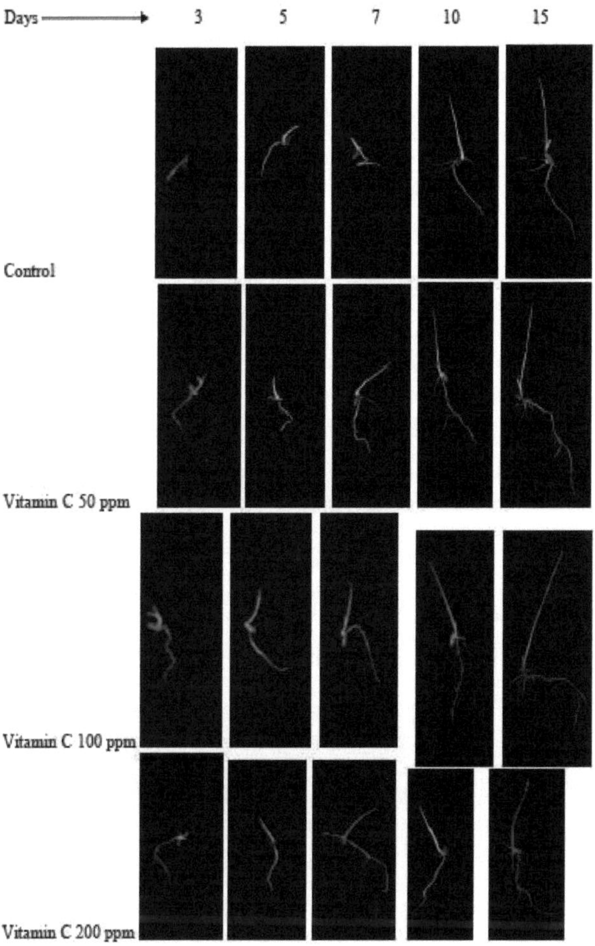

Placa 8: Comprimento da raiz e do rebento de sementes de arroz Shreyas tratadas com vitamina C

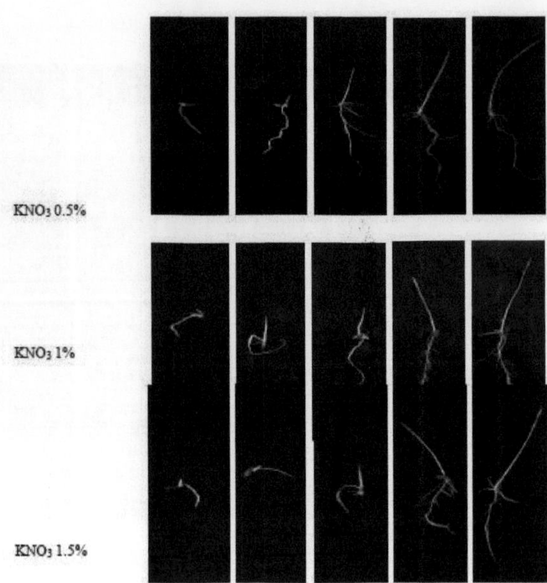

Placa 9: Comprimento da raiz e do rebento de sementes de arroz Shreyas preparadas com nitrato de potássio

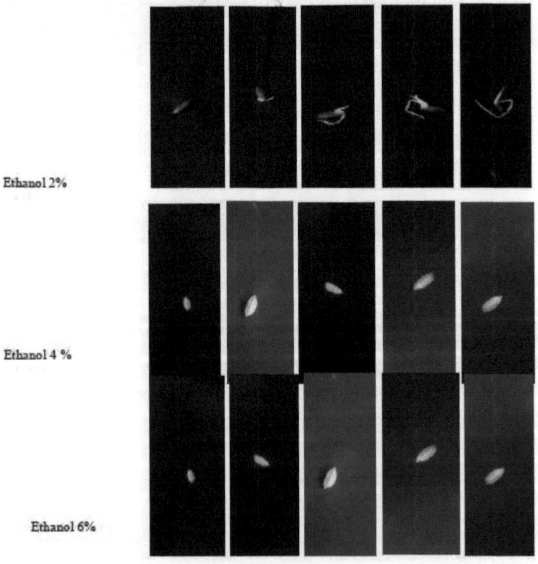

Placa 10: Comprimento da raiz e do rebento de sementes de arroz Shreyas tratadas com etanol

RESUMO E CONCLUSÃO

O priming foi desenvolvido e utilizado extensivamente para melhorar a germinação das sementes e o vigor das plântulas numa vasta gama de espécies de culturas e foi identificado como um tratamento de sementes comum integrado para reduzir o tempo entre a sementeira e a emergência das plântulas e a sincronização da emergência. Pode concluir-se que houve um efeito significativo da preparação das sementes em diferentes variedades de arroz. No entanto, o efeito do priming diferiu consoante as variedades de arroz. As sementes de arroz foram preparadas com diferentes concentrações de ácido ascórbico (50 ppm, 100 ppm, 200 ppm), nitrato de potássio (0,5%, 1%, 1,5%), etanol (2%, 4%, 6%) sob stress de NaCl 50mM. Os resultados revelaram que a preparação das sementes com 200 ppm de ácido ascórbico apresentou os parâmetros de crescimento mais elevados nestas três variedades de arroz. As sementes preparadas com etanol apresentaram a taxa de germinação e outros parâmetros de crescimento mais baixos. Apenas as sementes de arroz Shreyas preparadas com 2% de etanol apresentaram germinação entre as diferentes concentrações de etanol. O etanol a 4 e 6% apresentou 0% de germinação. Os tratamentos com melhor desempenho após 200 ppm de ácido ascórbico são 0,5% de KNO3, 100 ppm de ácido ascórbico, controlo, 1% de KNO3, 50 ppm de ácido ascórbico, 1,5% de KNO3, 2% de etanol. A partir dos factos acima referidos, pode concluir-se que a preparação das sementes de arroz com 200 ppm de ácido ascórbico é uma técnica eficaz para aumentar a tolerância ao stress salino

A preparação de sementes de arroz Sreyas com concentrações variáveis de ácido ascórbico, nitrato de potássio e etanol foi avaliada para mitigar os efeitos do stress de salinidade induzido por NaCl 50 mM. O estudo visava aumentar o crescimento das plântulas, melhorar a tolerância ao stress e otimizar os parâmetros de rendimento. Os agentes iniciadores foram utilizados nas seguintes concentrações:

- **Ácido ascórbico**: 50 ppm, 100 ppm, 200 ppm

- **Nitrato de potássio**: 0.5%, 1%, 1.5%

- **Etanol**: 2%, 4%, 6%

O stress da salinidade é um dos principais factores limitantes da produção de arroz, e a utilização de técnicas de preparação das sementes é uma solução potencial para aumentar a tolerância à salinidade em variedades de arroz como a Sreyas. Os tratamentos foram avaliados com base em vários parâmetros de crescimento, incluindo a taxa de germinação, o comprimento dos rebentos e das raízes, o teor de clorofila e a produção de biomassa.

BIBLIOGRAFIA

Abdelgawad H, Zinta G, Hegab M M, Pandey R, Asard H, Abuelsoud W. A alta salinidade induz diferentes respostas de estresse oxidativo e antioxidantes nos órgãos de mudas de milho. Front Plant Sci. 2016; 7: 276.

Abdelhamid M T, El-Masry R, Saleh D D, Mazhar M F, Oba S, Ragab R, Sabagh A El, Kohly M H El, Omer E. Mecanismos de preparação de sementes envolvidos na melhoria do stress salino. Priming e pré-tratamento de sementes e semeaduras.2019; 219-251.

Abid M, Hakeem A, Shao Y, Liu Y Zahoor R, Fan Y, Suyu J, Ata-Ul-Kareem S T, Tian Z, Jiang D, Snider J L, Dai T. Seed Osmopriming Invokes Stress Memory Against Post- Germinative Drought Stress in Wheat (Triticum Aestivum L.). Botânica Ambiental e Experimental. 2018; Volume 145, 12-20.

Abu-Elsoud A M, Hassan H M. Efeito do Uva+B nas consequências da germinação, stress oxidativo e mecanismos de defesa antioxidante do trigo Triticum Aestivum L. Journal of Ecology of Health and Environment 2016;4(2): 75-86.

Afzal I, Munir F, Ayub C M, Basra S M A. Ethanol Priming: An Effective Approach to Enhance Germination and Seedling Development by Improving Antioxidant System in Tomato Seeds [Uma abordagem eficaz para melhorar a germinação e o desenvolvimento de plântulas através da melhoria do sistema antioxidante em sementes de tomate]. Ata Sci. Pol., Hortorum Cultus 12(4) 2013; 129-137.

Ahamad I, Tasneem K, Ashfaq A, Basra M S A. efeito da oriming de sementes com ácido ascórbico, ácido salicílico e peróxido de hidrogénio na emergência, vigor e actividades antioxidantes do milho. Revista africana de biotecnologia.2012; 11(5):1127-1132.

Ali M M, Javed T, Mauro R P, Shabbir R, Afzal I, Yousef A F. efeito da preparação de sementes com nitrato de potássio no desempenho do tomate.

Agricultura 2020;10(11), 498.

Anwar P, Juraimi A S, Putheh A, Selamat A, Rahman M, Samedani B. Seed Priming Influences Weed Competitiveness and Productivity of Aerobic Rice (A preparação das sementes influencia a competitividade das ervas daninhas e a produtividade do arroz aeróbico). The Scientific World Journal. 2013; Páginas 1-12.

Aryal B, Subedi R, Neupane N. Effect of Different Priming Methods on Germination Behaviour of Rice in Drought Environment (Efeito de Diferentes Métodos de Preparação no Comportamento Germinativo do Arroz em Ambiente de Seca). Jornal de Ciência e Tecnologia das Culturas. 2018; Volume 7, Edição 2.

Awasthi K D. Efcito da preparação das sementes na germinação, crescimento e rendimento do trigo em condições sódicas. Universidade de Agricultura e Tecnologia Acharya Narendra Deva/Departamento de Fisiologia das Culturas 2013.

Bahuguna RN, Gupta P, Bagri J, Singh D, Dewi AK, Tao L, Islam M, Sarsu F, Singla-Pareek SL, Pareek A. Forward and reverse genetics approaches for combined stress tolerance in rice. Jornal Indiano de Fisiologia Vegetal. 2018; 23:630-646.

Basu S, Giri R K, Benazir I, Kumar S, Rajwanshi R, Dwivedi S K, Kumar G. Análises fisiológicas abrangentes e perfil de espécies reativas de oxigênio em genótipos de arroz tolerantes à seca sob estresse de salinidade. Fisiologia e Biologia Molecular de Plantas 23, 2017; 837-850.

Batra C, Gupta N, Goyal P. Priming Improves Germination and Seedling Growth Performance of Accelerated Aged Seeds of Tomato. Jornal Internacional de Pesquisa Avançada. 2019; 209-214.

Behrouzyar E K. Effect of Seed Priming with Ethanol, Methanol, Boron and Manganese on Some of Morphophysiological Characteristics of Rapeseed (Brassica Napus L.) Under Water Deficit Stress. Universidade Islâmica Azad,

Tabriz. Volume 11, Número 4(44), 2018; 805-820.

Bergman C J. Rice end-use quality analysis. Em Rice. International Press. 2019; 273-337.

Burgurieres E, Muccue P, Kwon Y, Shetty K. effect of vitamin C and folic acid on seed vigor response and phenolic linked antioxidant activity. Revista canadiana de botânica, 2007;84:1196-1202.

Choudary S K, Kumar V, Singhal R K, Bose B, Chauhan J, Alamri S, Siddiqui M H, Javed T, Shabbir R, Karthika, Iqbal Ma, Elmetwaly, Z.E.A, Sorour S, Sabagh A E. Seed Priming with Mg (No: 3)2 And Znso4 Salts Triggers the Germination and Growth Attributes Synergistically in Wheat Varieties. Agronomia. 2021; 11(11): 2110.

Chunthaburee S, Dongsansuk A, Sanitchon J, Pattanagul W, Theerakulpisut P. Physiological and biochemical parameters for evaluation and clustering of rice cultivars differing in salt tolerance at seedling stage. Saudi Journal of Biological Sciences. 2016; 23:467-477.

Chunthaburee S., Sanitchon J, Pattanagul W, & Theerakulpisut P. Alívio do estresse salino em mudas de arroz glutinoso preto por preparação de sementes com espermidina e ácido giberélico. Notulae Botanicae Horti Agrobotanici Cluj-Napoca, 42(2),2014; 405-413.

Cushman JC, Bohnert HJ. Genomic approaches to plant stress tolerance. Current Opinion in Plant Biology. 2000; 3:117-124.

Cushman JC, Bohnert HJ. Genomic approaches to plant stress tolerance. Current Opinion in Plant Biology. 2000; 3:117-124.

Dillon FM, Tejedor MD, Ilina N, Chludil HD, Mithöfer A, Pagano EA, Zavala JA. A radiação solar UV-B e o etileno desempenham um papel fundamental na modulação de defesas eficazes contra larvas de Anticarsia gemmatalis em soja cultivada em campo. Planta, Célula e Ambiente. 2018; 41:383-394.

Du B, Luo H, He L, Zhang L, Liu Y, Mo Z, Pan S, Tian S, Tian H, Duan M, Tang X. Preparação de sementes de arroz com selenato de sódio: Efeitos na germinação, crescimento de mudas e atributos bioquímicos. 2019; Sci Rep **9,** 4311.

Fang S, Gao K, Hu W, Snider JL, Wang S, Chen B, Zhou Z. A preparação química da semente altera a diferenciação do botão floral do algodão, induzindo alterações nas hormonas, metabolitos e expressão genética. Fisiologia e Bioquímica de Plantas. 2018; 130: 633-640.

Farooq M, Basra S M A, Tabassum R, Afzal I. Melhorar o desempenho do arroz fino de semente direta através da preparação das sementes. Ciência da produção vegetal.2006;9:4,446-456.

Hussain M, Farooq M, Lee D-J. Avaliação do papel da preparação da semente na melhoria da tolerância à seca do arroz pigmentado e não pigmentado. J Agron Crop Sci. 2017; 203: 269-276.

Irani S, Todd CD. Exogenous allantoin increases Arabidopsis seedlings tolerance to NaCl stress and regulates expression of oxidative stress response genes. Jornal de Fisiologia Vegetal. 2018; 221: 43-50.

Jisha KC, Vijayakumari K, Puthur JT. Seed priming for abiotic stress tolerance: an overview. Ata Physiologiae Plantarum. 2013; 35:1381-1396.

Jisha KC. Estudos sobre a influência de vários métodos de preparação de sementes na tolerância ao stress biótico em Oryza sativa L. e Vigna radiata (L.) Wilczek. Tese de doutoramento. Tese, Universidade de Calicute. 2014; 75-160.

Kang J S, Singh H, Singh G. Abiotic stress and its amelioration in cereals and pulses: a review. Revista Internacional de Microbiologia Atual e Ciências Aplicadas. 2017; 6:1019- 1045.

Kaur A. Amelioration of Chilling Stress Effects by Seed Priming in Wheat Cultivars (Melhoria dos efeitos do stress provocado pelo frio através da preparação das sementes em cultivares de trigo).
Universidade Nacional de Jaipur/Departamento de Ciências da Vida.2013.

Kausar A, Ilyas M, Basra, S M A, Zaib-Un-Nisa, Zafar S. Effect of Different Seed Priming Treatments on Growth and Nutrients Uptake in Wheat (Triticum

Aestivum) Under Salt Stress. Revista Internacional de Agricultura e Biologia. 2019; Vol. 21no. 5. Pp 964-970.

Koirala N, Poudel D, Bohara G P, Ghimire N, Devkota A R. Effect of Seed Priming on Germination, Emergence and Seedling Growth of Spring Rice (Oryza Sativa L.) Cv. Hardinath-1. Azarian Journal of Agriculture. Vol. (6) Edição 1. 2019; 209-214.

Kumar A, Basu S, Kumar G. Evaluating the Effect of Seed-Priming for Improving Arsenic Tolerance in Rice (Avaliação do efeito da preparação das sementes para melhorar a tolerância ao arsénio no arroz). Journal Of Plant Biochemistry e Biotechnology. 2021.

Kumar M. Effect of Seed Priming on Growth, Metabolism and Grain Quality of Rice with Respect to Sowing Time (Efeito da preparação das sementes no crescimento, metabolismo e qualidade dos grãos de arroz em relação à época de sementeira). Universidade Banaras Hindu/Departamento de Fisiologia. 2018.

Kushwaha, Abhishek. Role Of Seed Priming to Improve Growth and Yield of Rice (Oryza Sativa L.) [Papel da preparação da semente para melhorar o crescimento e o rendimento do arroz (Oryza Sativa L.)]. Universidade de Agricultura e Tecnologia Acharya Narendra Deva/Departamento de Fisiologia das Culturas. 2015.

Mamun A A, Naher U A, Ali M Y. Efeito da preparação de sementes na germinação de sementes e no crescimento de mudas de variedades modernas de arroz (Oryza Sativa L.). The Agriculturists, 16(1), 2018; 34-43.

Moulik D, Gosh D, Chandra Santra S. Avaliação da eficácia da tecnologia de preparação de sementes com selénio (Se) no arroz durante a germinação sob stress de arsénio (As). Plant Physiol Biochem. 2016; 109: 571-578.

Negrão S, Schmöckel SM, Tester M. Avaliação das respostas fisiológicas das plantas ao stress salino. Anais de Botânica. 2017; 119:1-11.

Nejad H A. Os efeitos das técnicas de preparação de sementes na melhoria da germinação e no crescimento inicial de mudas de Aeluropus Macrostachys. Jornal Internacional de Pesquisa Biológica e Biomédica Avançada Issn: 2322 - 4827, Volume 1, Edição 2, 2013; 86-95.

Noorhosseini SA, Jokar NK, Damalas CA. Melhorar a germinação de sementes e o crescimento inicial de agrião de jardim (Lepidium sativum) e manjericão (Ocimum basilicum) com hidro- priming. Jornal de Regulação do Crescimento de Plantas.2018; 37:323-334.

Ramesh B, Singh M. effect of seed priming with K2SO4 on germination and seedling growth in rice (efeito da preparação de sementes com K2SO4 na germinação e crescimento de plântulas de arroz). Jornal de ciência agrícola digest.2006;26:261-264.

Rehman H U, Maqsood S, Basra A, Farooq M. Avaliação de campo da preparação de sementes para melhorar o crescimento, o rendimento e a qualidade do arroz de sementeira direta. Jornal Turco de Agricultura e Silvicultura .2011;35:357-365.

Ruttanaruangboworn A, Chanprasert W, Tobunluepop P, Onwimol D. Efeito da preparação de sementes com diferentes concentrações de nitrato de potássio no padrão de imbibição de sementes e germinação de arroz (Oryza Sativa L.). Jornal de Agricultura Integrativa 2017; Volume 16, Edição 3, Páginas 605-613.

Safdar A U, Sarwar A M, Bashir, Tareen M J, Malik M A. Avaliação de diferentes técnicas de preparação de sementes em feijão mungo (Vigna Radiata). Jornal Paquistanês de Pesquisa Agrícola; Islamabad Dez 2013; Vol. 26, Iss. 4.

Salleh M S, Nordin M S, Puteh A B. Germination Performance and Biochemical Changes Under Drought Stress of Primed Rice Seeds (Desempenho de Germinação e Alterações Bioquímicas sob Stress de Seca de Sementes de Arroz Preparadas). Ciência e Tecnologia das Sementes, 48 (3), 2020;333-343.

Salleh M S, Nordin M S, Puteh A B, Shahari R, Zainudddin Z, Ab-Ghaffar Mg, Shamsudin N A. Response of Primed Rice (Oryza Sativa L.) Seeds Towards Reproductive Stage Drought Stress (Resposta das sementes de arroz (Oryza Sativa L.) à tensão da seca na fase reprodutiva). Sains Malaysiana 50(10). 2021; 2913-2921.

Shah T, Latif S, Khan H, Munsif F, Nie L. A escorva de ácido ascórbico melhora a germinação das sementes e o crescimento das plântulas de trigo enrolado sob baixa temperatura devido à sementeira tardia no Paquistão Agronomia 2019;9(11), 757.

Sheteiwy M, Shen H, Xu J, Guan Y, Seed Polyamines Metabolism Induced by Seed Priming with Spermidine And 5-Aminolevulinic Acid for Chilling Tolerance Improvement in

Mudas de arroz (Oryza Sativa L.). Botânica Ambiental e Experimental, Volume 137, 2017; 58-72.

Shu S, Guo S-R, Sun J, Yuan L-Y. Effects of Salt Stress on The Structure and Function of The Photosynthetic Apparatus in Cucumis Sativus and Its Protection by Exogenous Putrescine [Efeitos do stress salino na estrutura e função do aparelho fotossintético em Cucumis Sativus e sua proteção por putrescina exógena]. 2012; 146(3):285-96.

Singh A, Gupta R, Pandey R. A preparação da semente de arroz com rutina picomolar melhora a colonização rizosférica de Bacillus Subtilis Cim e o crescimento da planta 2016; Plos One 11 (1): E0146013.

Singh M. Effect of Seed Priming on Anaerobic Germination of Rice (Oryza Sativa L.) [Efeito da preparação das sementes na germinação anaeróbia do arroz (Oryza Sativa L.)]. Universidade de Agricultura e Tecnologia Acharya Narendra Deva/Departamento de Fisiologia das Culturas. 2017.

Sing R, Upadhyay A K, Singh D P. Regulation of Oxidative Stress and Mineral

Nutrient Status by Selenium in Arsenic Treated Crop Plant Oryza Sativa. Ecotoxicol Environ Saf. 2018; 148:105-113.

Sukifto R, Nulit R, Kong Y C, Sidek N, Mahadi S N, Mustafa N, Razak A.R, Enhancing Germination and Early Seedling Growth of Malaysian Indica Rice (Oryza Sativa L.) Using Hormonal Priming with Gibberellic Acid (Ga3). Objectivos Agricultura e Alimentação, 2020; 5(4): 649-665.

Thomas D T T, Dinakar C, Puthur J T. Effect of Uv-B Priming on The Abiotic Stress Tolerance of Stress-Sensitive Rice Seedlings: Priming Imprints and Cross Tolerance. Plant Physiology and Biochemistry: Ppb Vol. 147. 2020; 21-30.

Tuiwong P, Lordkaew S, Veeradittakit J, Jamjod S, Prom-U-Thai C. Seed Priming and Foliar Application with Nitrogen and Zinc Improve Seedling Growth, Yield, And Zinc Accumulation in Rice (Preparação de sementes e aplicação foliar com azoto e zinco melhoram o crescimento das plântulas, o rendimento e a acumulação de zinco no arroz). Agricultura. 2022;12(2); 144.

Vaishnav, Jayesh. Efeito do stress salino no metabolismo da clorofila e no sistema antioxidante do milho. Devi Ahilya Vishwavidyalaya / Escola de Bioquímica 2016.

Wei Li-Xi, Lv Bi-Sh, Wang M-M, Ma Hu-Yu, Yang Ha-Yu, Liu Xi-Lo, Jiang Ch-Ji, Liang Zh-We. Efeito primário do ácido abscísico na tolerância ao estresse alcalino em mudas de arroz (Oryza Sativa L.). Fisiologia e Bioquímica de Plantas 2015; Volume 90, Páginas 50-57

Yari L, Kazaei F, Sadegi S. Effect of Seed Priming on Grain Yield and Yield Components of Bread Wheat. Revista ARPN de Ciências Agrárias e Biológicas. Vol. 6, No. 6, junho de 2011.

Printed by Books on Demand GmbH, Norderstedt / Germany